Test 1

W0283318

Inhalte: Verhalten von Körpern bei Temperaturänderung, Anomalie des Wassers

Zeitbedarf: 20 Minuten

1. Die Volumenausdehnung einer Flüssigkeit ist proportional zum Ausgangsvolumen V_0.

   a) Erkläre, was das bedeutet. ___ von 1

   b) Woran erkennt man eine direkte Proportionalität in einem Schaubild? Nenne zwei Merkmale. ___ von 2

   c) Erläutere, wovon die Volumenausdehnung einer Flüssigkeit noch abhängig ist. ___ von 2

   d) Formuliere eine Gleichung, die die Volumenausdehnung einer Flüssigkeit beschreibt. ___ von 2

e) Ein Heizöltank wird am Ende des Winters mit 4 000 Litern befüllt. Welches Fassungsvermögen sollte der Tank haben, wenn im Keller die Temperatur im Sommer um 10 °C höher ist?
Gib das Ergebnis in Liter an.
Volumenausdehnungskoeffizient für Heizöl: $\gamma = 0{,}9 \frac{cm^3}{dm^3 \cdot °C}$ ___ von 2

2. Anomalie des Wassers

a) Zeichne ein V-ϑ-Diagramm für Wasser im Bereich von 0 °C bis 10 °C und erkläre dieses. ___ von 4

b) Wo macht sich die Anomalie des Wassers im Alltag bemerkbar?
Nenne zwei Punkte. ___ von 1

Notenschlüssel

1	2	3	4	5	6
14–13	12–11	10–9	8–7	6–4	3–0

So lange habe ich gebraucht: ______________

So viele Punkte habe ich erreicht: ______________

Test 2

- Inhalte: Erwärmungsgesetz, spezifische Wärmekapazität, Wärmeleistung
- Zeitbedarf: 20 Minuten

1. Erläutere, worüber die spezifische Wärmekapazität eines Körpers allgemein eine Aussage macht. ___ von 3

2. Ein kleines Bassin hat eine Oberfläche $A = 4{,}5\ \text{m}^2$ und eine durchschnittliche Tiefe von $h = 1{,}8\ \text{m}$. Während eines Sommertags steigt die Wassertemperatur um 1,1 °C an.
Spezifische Wärmekapazität Wasser: $c_W = 4{,}18\ \frac{\text{kJ}}{\text{kg} \cdot {}^\circ\text{C}}$; 1 kg Wasser $\hat{=}$ 1 ℓ

a) Berechne, welche Wärmemenge das Wasser durch die Sonne während dieses Tages aufgenommen hat. ___ von 4

b) Welche Leistung hat eine elektrische Wärmequelle, wenn diese die gleiche Temperaturänderung in einer Zeit von 2 Stunden erbringt? ___ von 3

3. Berechne, um wie viel Grad Celsius ein Tauchsieder mit einer Leistungsabgabe von 1 200 W eine Masse von 5 kg Wasser in 5 Minuten erwärmen kann. ___ von 4

Notenschlüssel

1	2	3	4	5	6
14–13	12–11	10–9	8–7	6–4	3–0

So lange habe ich gebraucht: ____________

So viele Punkte habe ich erreicht: ____________

Test 3

Inhalte: Wärmekraftmaschinen

Zeitbedarf: 20 Minuten

1. Erkläre, was man unter einer Wärmekraftmaschine versteht. ___ von 1

2. Wie ist der Wirkungsgrad definiert? ___ von 2

3. Begründe, dass für den Wirkungsgrad stets $0 \leq \eta < 1$ gilt. ___ von 2

4. Beschreibe die Funktionsweise eines Viertakt-Otto-Motors. ___ von 8

5. Erläutere die grundsätzlichen funktionstechnischen und bautechnischen Unterschiede eines Dieselmotors gegenüber eines Benzinmotors. ___ von 4

Notenschlüssel

1	2	3	4	5	6
17–15	14–12	11–9	8–7	6–4	3–0

So lange habe ich gebraucht: ____________

So viele Punkte habe ich erreicht: ____________

Klassenarbeit 1

- Inhalte: Innere Energie, Temperatur, Wärmeübertragung, Konvektion, Erwärmungsgesetz
- Zeitbedarf: 45 Minuten

1. a) Nenne die Energieformen, aus denen sich die innere Energie eines Körpers zusammensetzt. von 1

b) Worüber machen diese einzelnen Energieformen eine Aussage? Erkläre am Teilchenmodell und betrachte auch die Auswirkung auf den ganzen Körper. ___ von 4

c) Wie kann man die innere Energie eines Körpers erhöhen? ___ von 1

2. a) Beschreibe den wesentlichen Unterschied zwischen Wärmeleitung und Wärmestrahlung. ___ von 1

b) Gib drei Merkmale an, die grundlegend für eine gute Wärmeabstrahlung eines Körpers sind. ___ von 3

c) Erkläre den Treibhauseffekt in einem Glashaus mit einer Zeichnung. ___ von 4

d) Skizziere einen Versuch zum Nachweis der Konvektion und beschreibe diesen. ___ von 4

e) Wie verhindert eine Thermoskanne alle Arten der Wärmeübertragung? ___ von 3

3. Einem Stück Kupfer mit einer Temperatur von $\vartheta_1 = 20\,°C$ und einer Masse von 500 g wird eine Energie von 4,0 kJ durch Wärme zugeführt. 7

a) Welche Temperatur ϑ_2 hat das Kupferstück nach der Energiezufuhr?

Spezifische Wärmekapazität Kupfer: $c_{Cu} = 0{,}38\,\frac{kJ}{kg \cdot °C}$ ___ von 4

b) Welche Leistung hat eine Heizröhre, wenn diese Erwärmung in 0,5 min stattfindet? ___ von 3

c) Welche Masse Wasser kann ein Tauchsieder mit einer Leistung von 1,5 kW in 12 min um 20 °C erwärmen?

Spezifische Wärmekapazität Wasser: $c_W = 4{,}18\,\frac{kJ}{kg \cdot °C}$ ___ von 3

8 **d)** Bei einem Bergrettungseinsatz wird ein Notarzt mit einer Masse von 80 kg von einem Hubschrauber aus über eine Seilwinde 20 m tief abgeseilt.
Berechne, um wie viel Grad Celsius sich dabei die 200 g schwere Umlenkrolle aus Aluminium theoretisch erwärmt?

Spezifische Wärmekapazität Aluminium: $c_{Alu} = 0{,}90 \frac{kJ}{kg \cdot °C}$
Fallbeschleunigung in Europa: $g = 9{,}81 \frac{N}{kg}$

___ von 5

Notenschlüssel

1	2	3	4	5	6
36–31	30–26	25–21	20–16	15–8	7–0

So lange habe ich gebraucht: ____________

So viele Punkte habe ich erreicht: ____________

Klassenarbeit 2

- Inhalte: Temperatur, Erwärmungsgesetz, Wärmeübertragung, Konvektion
- Zeitbedarf: 45 Minuten

1. a) Nenne zwei verschiedene Temperaturmessgeräte und erläutere, nach welchen physikalischen Prinzipien diese funktionieren. ___ von 2

b) Wie wurde die Celsiusskala festgelegt? Erkläre anhand einer Zeichnung. ___ von 4

c) Erkläre anhand des Teilchenmodells, worüber die Temperatur eine Auskunft gibt. ___ von 1

d) Warum muss es eine absolut tiefste Temperatur geben und wann ist diese erreicht? Erkläre am Teilchenmodell. ___ von 3

2. a) Ein Tauchsieder hat eine Leistung von 1,2 kW. Um wie viel Grad Celsius kann dieser Tauchsieder Wasser mit einer Masse von 12 kg in 10 Minuten erwärmen?

Spezifische Wärmekapazität Wasser: $c_W = 4{,}18 \frac{kJ}{kg \cdot °C}$ ___ von 4

b) Welche Leistung muss ein Tauchsieder haben, um 5 Liter Wasser in 3 Minuten um 10 °C zu erwärmen? ___ von 3

c) Berechne, welche Wärme 0,2 ℓ Wasser abgeben, wenn dieses eine Temperatur von 90 °C besitzt und die Umgebungstemperatur 22 °C beträgt. (1 ℓ Wasser ≙ 1 kg) ___ von 2

d) Die Umwälzpumpe einer Warmwasserheizungsanlage pumpt je Minute 6,0 kg Wasser durch die Anlage. Die Vorlauftemperatur des Wassers beträgt 62 °C, die Rücklauftemperatur 48 °C. Welche theoretische Temperaturerhöhung erfährt ein Raum mit einem Volumen von 250 m^3 in einer Stunde?

Dichte Luft: $\rho_{Luft} = 0{,}013 \frac{kg}{dm^3}$ Spezifische Wärmekapazität Luft: $c_{Luft} = 1{,}0 \frac{kJ}{kg \cdot °C}$ ___ von 6

3. a) Beschreibe die Wärmeleitung in Festkörpern von Stellen höherer zu Stellen tieferer Temperatur mithilfe des Teilchenmodells. ___ von 3

b) Erläutere, weshalb verspiegelte Oberflächen wenig Wärmestrahlung absorbieren. ___ von 3

c) Erkläre das Zustandekommen eines auflandigen Windes an einem schönen Sommertag am Meer anhand einer Zeichnung. ___ von 4

Notenschlüssel

1	2	3	4	5	6
35–31	30–26	25–21	20–16	15–8	7–0

So lange habe ich gebraucht: ____________

So viele Punkte habe ich erreicht: ____________

Klassenarbeit 3

Inhalte: Längenänderung, Mischungsaufgaben, allgemeines Gasgesetz, Verdampfen

Zeitbedarf: 45 Minuten

1. a) Eine Eisenrohrleitung hat bei einer Temperatur $\vartheta_0 = 0\,°C$ eine Länge $\ell_0 = 100$ m.
Berechne die Länge der Leitung bei einer Temperatur von 60 °C.
Längenausdehnungskoeffizient von Eisen: $\alpha_{Eisen} = 0{,}0122\,\frac{mm}{m \cdot °C}$ ___ von 3

b) Wo muss die Längenänderung von Metallen bei Erwärmung im Alltag berücksichtigt werden?
Nenne zwei Beispiele. ___ von 2

2. a) 200 g Wasser mit einer Temperatur von 20 °C wird mit 250 g Glycerin, welches eine höhere Temperatur als das Wasser hat, gemischt. Es stellt sich eine Mischungstemperatur von 37 °C ein.
Welche Temperatur hatte das Glycerin vor der Durchmischung?
Spezifische Wärmekapazität von Wasser: $c_{Wasser} = 4{,}18\,\frac{kJ}{kg \cdot °C}$
Spezifische Wärmekapazität von Glycerin: $c_{Glyc.} = 2{,}43\,\frac{kJ}{kg \cdot °C}$ ___ von 5

b) In einem ideal isolierten Gefäß mischt man 1,0 kg Wasser mit einer Temperatur von 20 °C mit 100 g Eisenkugeln, die eine Temperatur von 250 °C haben.
Berechne die Mischungstemperatur, wenn keinerlei Wärmeverluste auftreten.

Spezifische Wärmekapazität von Wasser: $c_{Wasser} = 4{,}18 \frac{kJ}{kg \cdot °C}$

Spezifische Wärmekapazität von Eisen: $c_{Eisen} = 0{,}46 \frac{kJ}{kg \cdot °C}$ ___ von 4

3. a) Ein Heißluftballon wird bei einer Temperatur von 21 °C und einem Luftdruck von 1 013 hPa mit 900 m^3 Helium gefüllt. In einer bestimmten Höhe beträgt der Luftdruck noch 200 hPa und die Temperatur 4 °C.
Berechne das Volumen des Heliums in dieser Höhe. ___ von 3

b) Wie ändert sich der Druck in einer abgeschlossenen Gasmenge, wenn die Temperatur vervierfacht und das Volumen halbiert wird? Begründe mit dem allgemeinen Gasgesetz. ___ von 3

4. Zum Verdampfen von 2 kg Wasser benötigt man eine Wärme Q=4 528 kJ. Das Volumen ändert sich dabei um $3{,}4 \cdot 10^6\ \text{cm}^3$.

a) Welche Ausdehnungsarbeit verrichtet dabei der Wasserdampf, wenn der Luftdruck 10^5 Pa beträgt? ___ von 2

b) Berechne die Veränderung der inneren Energie bei diesem Vorgang. ___ von 2

c) Wie würde der erste Hauptsatz in Formelschreibweise lauten, wenn man die Ausdehnung des Dampfes verhindern könnte? ___ von 2

5. a) Erkläre den Vorgang des Verdunstens ausführlich. ___ von 4

b) Zeichne in einem beschrifteten ϑ-Q-Diagramm den qualitativen Verlauf, wenn man Wasser von 0 °C so lange erwärmt, bis man Wasserdampf von 120 °C vorliegen hat. ___ von 3

c) Erläutere, worin sich das Verdunsten und das Sieden einer Flüssigkeit unterscheidet. ___ von 2

Notenschlüssel

1	2	3	4	5	6
35–31	30–26	25–21	20–16	15–8	7–0

So lange habe ich gebraucht: ____________

So viele Punkte habe ich erreicht: ____________

Test 4

Inhalte: Magnetismus

Zeitbedarf: 20 Minuten

1. Beschreibe das Phänomen der magnetischen Influenz. ___ von 2

2. Was geschieht beim Magnetisieren eines ferromagnetischen Körpers? Beschreibe am Teilchenmodell. ___ von 1

3. Wie lässt sich ein Körper entmagnetisieren? ___ von 2

4. Was versteht man unter einem Magnetfeld? ___ von 2

5. Stelle dar, was man aus einem Feldlinienbild herauslesen kann. ___ von 2

6. Zeichne das Magnetfeld eines Stabmagneten.

___ von 2

7. Was versteht man unter einem homogenen Magnetfeld?

___ von 2

8. Beschreibe den Feldlinienverlauf eines homogenen Magnetfelds.

___ von 2

Notenschlüssel

1	2	3	4	5	6
15–14	13–12	11–10	9–7	6–4	3–0

So lange habe ich gebraucht: ____________

So viele Punkte habe ich erreicht: ____________

Test 5

- Inhalte: Magnetfeld stromdurchflossener Leiter
- Zeitbedarf: 20 Minuten

1. Zeichne einen Versuchsaufbau, mit dem sich nachweisen lässt, dass jeder gerade stromdurchflossene Leiter ein Magnetfeld um sich herum aufbaut. ___ von 2

2. Welchem Physiker schreibt man diese Entdeckung zu? ___ von 1

3. Zeichne das Magnetfeld eines geraden stromdurchflossenen Leiters und erläutere die darin eingezeichnete Magnetfeldrichtung mithilfe der Linken-Faust-Regel. ___ von 3

4. Wovon ist die Magnetfeldstärke einer stromdurchflossenen Spule abhängig? ___ von 1

5. Zeichne das Magnetfeld einer stromdurchflossenen Spule und erkläre, an welchem Spulenende welcher Pol anliegt. ___ von 4

6. Wo werden stromdurchflossene Spulen technisch genutzt? Nenne zwei Anwendungen. ___ von 2

Notenschlüssel

1	2	3	4	5	6
13–12	11–10	9–8	7–6	5–3	2–0

So lange habe ich gebraucht: ____________

So viele Punkte habe ich erreicht: ____________

Test 6

Inhalte: Elektrische Arbeit, elektrische Energie, elektrische Spannung, elektrische Leistung
Zeitbedarf: 20 Minuten

Eine Autobatterie (12 V, 44 Ah) soll einen Reisetauchsieder betreiben.

a) Berechne die gesamte in der Batterie gespeicherte elektrische Energie.
[Ergebnis: W = 1 900 800 J] ___ von 4

b) Was kostet es, die Batterie komplett aufzuladen, wenn 1 kWh 30 ct kosten? ___ von 3

c) Nimm an, dass der Tauchsieder einen Wirkungsgrad von 80 % hat und die Autobatterie beim Betreiben des Tauchsieders vollständig entleert wird.
Berechne, auf welche Temperatur der Tauchsieder 7 kg Wasser mit einer Ausgangstemperatur von 20 °C dann erwärmen kann.
Spezifische Wärmekapazität Wasser: $c_W = 4{,}18 \frac{kJ}{kg \cdot °C}$ ___ von 6

Notenschlüssel

1	2	3	4	5	6
13–12	11–10	9–8	7–6	5–3	2–0

So lange habe ich gebraucht: ______________

So viele Punkte habe ich erreicht: ______________

Klassenarbeit 4

Inhalte: Elektrischer Stromkreis, elektrische Leistung, elektrische Energie

Zeitbedarf: 45 Minuten

1. a) Zeichne einen elektrischen Stromkreis bestehend aus einer Batterie, einem Schalter und zwei Glühbirnen so, dass eine der beiden Glühbirnen leuchtet, wenn der Schalter geöffnet ist. ___ von 3

b) Erkläre die Funktionsweise eines FI-Schalters. ___ von 2

c) Welche Aufgabe hat der Schutzleiter beim Schutzkontaktsystem? ___ von 2

d) Erkläre das Zustandekommen eines elektrischen Stroms in einer Flüssigkeit anhand einer Zeichnung. ___ von 3

e) Welche Aufgabe hat eine Elektrizitätsquelle in einem elektrischen Stromkreis? ___ von 2

f) Wie viele Elektronen bewegen sich in einer Sekunde durch einen metallischen Leiter, wenn ein Strom von 1 A fließt?

Elementarladung: $e = 1{,}602 \cdot 10^{-19}$ C ___ von 2

2. a) In Prospekten von großen Elektrohändlern findet man häufig die Aussage „Stromverbrauch im Jahr 300 kWh".

Ist dieser Satz physikalisch richtig? Begründe deine Antwort. ___ von 2

b) Ein Staubsauger mit einer Leistungsaufnahme von 1 500 W wird eine halbe Stunde lang betrieben.
Berechne die Energiekosten, wenn der Preis für eine Kilowattstunde 30 ct beträgt.

___ von 2

3. a) Ein elektrischer Stromkreis hat eine Spannungsquelle mit der Spannung von 6 V. Der Stromkreis bleibt eine halbe Minute geschlossen und dabei fließt ein Strom von 1,2 A.
Welche Ladung wird in dieser Zeit durch den Stromkreis transportiert?

___ von 2

b) Berechne die elektrische Energie, die dabei umgewandelt wird.

___ von 2

c) Welche Leistung wird bei diesem Vorgang umgesetzt?

___ von 2

4. Eine Seilbahn transportiert in 5 min eine Last von 2 000 kg auf einen Berg. Die Seilbahn wird mit einem Elektromotor betrieben. Die Betriebsspannung beträgt 1 200 V. Dabei fließt ein elektrischer Strom von 30 A. Der Wirkungsgrad des Elektromotors beträt 80 %.
Welche Höhendifferenz überwindet die Seilbahn?
Fallbeschleunigung in Europa: $g = 9{,}81\,\frac{N}{kg}$ ___ von 6

5. Mit einem Wasserkocher werden in 3 min 500 g Wasser von 20 °C auf 90 °C erwärmt. Der Wasserkocher ist an das 230-V-Netz angeschlossen, es wird die Stromstärke 4,4 A gemessen.
Berechne die Leistungsaufnahme und -abgabe des Wasserkochers sowie seinen Wirkungsgrad.
Spezifische Wärmekapazität Wasser: $c_W = 4{,}18\,\frac{kJ}{kg \cdot °C}$ ___ von 5

Notenschlüssel

1	2	3	4	5	6
35–31	30–26	25–21	20–16	15–8	7–0

So lange habe ich gebraucht: ____________

So viele Punkte habe ich erreicht: ____________

Klassenarbeit 5

- Inhalte: Elektrostatik, elektrische Leistung, elektrische Energie
- Zeitbedarf: 45 Minuten

1. a) Was geschieht beim Laden eines Körpers durch Reibung? Erkläre am Teilchenmodell. ___ von 2

b) Wovon ist die Kraftwirkung zwischen zwei geladenen Körpern abhängig? ___ von 2

c) Erkläre die Funktionsweise eines Elektroskops mithilfe einer Zeichnung. ___ von 3

d) Erkläre das Phänomen der elektrischen Influenz bei einem Leiter mithilfe eines Versuchsaufbaus. ___ von 4

e) Worin unterscheiden sich ein Leiter und ein Nichtleiter prinzipiell? ___ von 1

f) Was versteht man unter einem elektrischen Feld? ___ von 2

g) Fertige eine Zeichnung des elektrischen Feldes eines Plattenkondensators an und erläutere das gezeichnete Feld. ___ von 3

2. a) Auf einer Glühbirne befindet sich die Aufschrift 230 V / 100 W.
Berechne die Stromstärke I, die der elektrische Strom im Glühfaden der eingeschalteten Glühlampe hat. ___ von 2

b) Was kostet der Betrieb dieser Glühlampe, wenn diese 8 Stunden leuchtet und der Preis für eine Kilowattstunde 30 ct beträgt? ___ von 3

c) In welcher Zeit nimmt die Glühlampe die elektrische Energie $W = 1$ kWh auf? ___ von 3

3. Ein elektrischer Tauchsieder hat einen Wirkungsgrad von $\eta = 85\ \%$. Der Tauchsieder wird mit einer Spannung $U = 230\ V$ betrieben und es fließt dabei ein Strom $I = 4{,}3\ A$.
Berechne, wie lange es dauern wird, bis der Tauchsieder eine Masse von 2 kg Wasser um eine Temperatur von $\Delta\vartheta = 75\ °C$ erwärmt hat.

Spezifische Wärmekapazität Wasser: $c_W = 4{,}18\ \frac{kJ}{kg \cdot °C}$ ___ von 5

4. Eine elektrisch betriebene Pumpe pumpt in 15 Minuten 20 m^3 Wasser aus einem 3 m tiefer gelegenen Keller. Die Pumpe ist an das 230-V-Netz angeschlossen und es wird eine Stromstärke von 5 A gemessen.
Berechne den Wirkungsgrad der Pumpe.

1 ℓ Wasser $\hat{=}$ 1 kg   Fallbeschleunigung in Europa: $g = 9{,}81\ \frac{N}{kg}$ ___ von 5

Notenschlüssel

1	2	3	4	5	6
35–31	30–26	25–21	20–16	15–8	7–0

So lange habe ich gebraucht: ____________

So viele Punkte habe ich erreicht: ____________

Klassenarbeit 6

- Inhalte: Erdmagnetfeld, Kräfte auf stromdurchflossene Leiter, elektrische Leistung und Energie
- Zeitbedarf: 45 Minuten

1. a) Zu welchem Magnetfeld ist das Magnetfeld der Erde ähnlich? ___ von 1

b) Wie nennt man die Abweichung der magnetischen Pole von den geografischen Polen? ___ von 1

c) Wo macht sich das Magnetfeld der Erde bemerkbar? Nenne 2 Auswirkungen. ___ von 1

d) Gib die Ursache für das Magnetfeld der Erde an. ___ von 1

e) Inwiefern ist das Magnetfeld der Erde nützlich für den Menschen? ___ von 1

2. a) Erläutere, in welche Richtung sich der stromdurchflossene Leiter in der Abbildung bewegt.

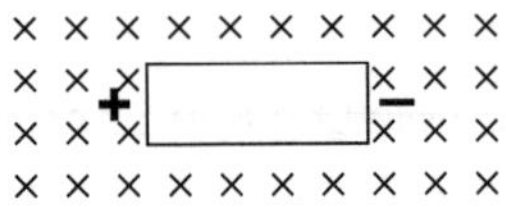

___ von 1

b) Zeichne einen Schaltplan so, dass zwei gerade, parallel verlaufende stromdurchflossene Leiter bzw. Drähte sich gegenseitig elektrisch anziehen.

___ von 3

c) Beschrifte in dem Bild die Bauteile des dargestellten Elektromotors.

___ von 4

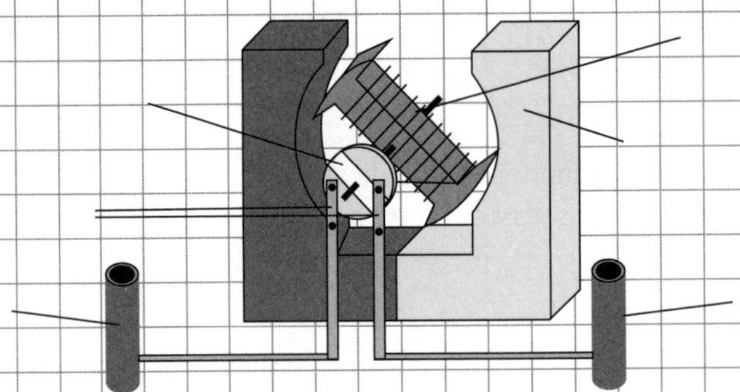

3. a) Herr Müller vergisst das Licht an seinem Auto auszuschalten, als er parkt. Dabei entlädt sich die vollständig geladene 12-V-Batterie innerhalb von 7 h. Es fließt ein Strom von 12,5 A. Berechne die Energie, die in der Batterie gespeichert ist.

___ von 3

b) Was kostet es, diese Batterie wieder aufzuladen, wenn der Preis für die Energiemenge 1 kWh 30 ct beträgt. ___ von 2

c) Welche Gesamtladungsmenge transportiert die Batterie während einer vollständigen Entleerung? ___ von 2

4. Eine elektrische Seilbahn überwindet in 15 min eine Höhe h = 900 m. Die Masse der Kabine und der Personen, die sie nach oben befördert, beträgt 2,4 t.
Fallbeschleunigung in Europa: $g = 9{,}81\,\frac{N}{kg}$

a) Welche Hubarbeit verrichtet der Elektromotor? ___ von 2

b) Berechne die dafür nötige Hubleistung. ___ von 2

c) Der Elektromotor wird mit einer Spannung von $U = 380\ V$ betrieben. Während des Betriebs fließt ein Strom von 85 A.
Welchen Wirkungsgrad hat der Elektromotor? ___ von 3

d) Welche Gesamtladungsmenge wird bei einer Bergfahrt im Motor transportiert? ___ von 3

5. Ein elektrischer Wasserkocher hat einen Wirkungsgrad von 90 % und erwärmt in 10 Minuten 0,5 kg Wasser um 60 °C. Der Wasserkocher wird mit einer Spannung von 230 V betrieben.
Berechne die Stromstärke I während des Betriebs des Tauchsieders.
Spezifische Wärmekapazität Wasser: $c_W = 4{,}18\ \frac{kJ}{kg \cdot °C}$ ___ von 5

Notenschlüssel

1	2	3	4	5	6
35–31	30–26	25–21	20–16	15–8	7–0

So lange habe ich gebraucht: ______________

So viele Punkte habe ich erreicht: ______________